LES
EAUX DES CÉVENNES
A LYON
OU LE
RETOUR AUX IDÉES ROMAINES

PAR

Marius MOYRET

Ingénieur, élève du professeur L.-L. LEMBERT

PRIX : **50** CENTIMES

EN VENTE
CHEZ TOUS LES LIBRAIRES

1883

LES
EAUX DES CÉVENNES
A LYON

OU LE

RETOUR AUX IDÉES ROMAINES

PAR

Marius MOYRET

Ingénieur, élève du professeur L.-L. LEMBERT

PRIX : **50** CENTIMES

EN VENTE
CHEZ TOUS LES LIBRAIRES
—
1883

INTRODUCTION

A mes Lecteurs,

Nous sommes dans les Cévennes, ces montagnes célèbres à tous les points et dont les plateaux forment une partie de la France, et en sont peut-être la forteresse dernière, avec Lyon comme tête, en cas d'invasion européenne.

Mais laissons les souvenirs historiques de côté, oublions les lauriers de Jean Cavalier, du baron des Adrets, de Coligny, pour nous occuper d'un sujet plus pacifique, la question des eaux de Lyon, résolue par les eaux des Cévennes, ou si vous aimez mieux le retour aux idées romaines.

Il y a bientôt quatre ans que M. Tirard, ministre du commerce, me faisait appeler à Paris, par l'intermédiaire de M. Bérenger, sénateur de la Drôme, pour avoir mon avis sur les questions soyeuses, lors de la discussion des traités de commerce. A cette époque, je défendais les intérêts des sériculteurs, filateurs et mouliniers cévennols, étroitement liés à ceux des fabriques lyonnaises et stéphanoises.

Aujourd'hui, je viens dire à mes concitoyens, l'avenir de Lyon est dans les eaux des Cévennes, rendues, *coûte que coûte*, en abondance et par la pente, sans pompes, à 20 mètres au-dessus du point le plus élevé de la Croix-Rousse.

Depuis 40 ans, la question des eaux de Lyon est virtuellement sur le tapis, il est temps d'en finir ; il y va simplement de la vitalité de Lyon.

Un nouveau cercle de Popilius se forme. L'opinion publique dit actuellement à nos édiles : Le concours des eaux de Lyon est de nouveau ouvert, est-il sérieux, oui ou non ? Est-il clos d'avance, oui ou non ? On ne plaisante pas avec l'opinion publique, et j'ai la conviction que nos édiles feront grand et sérieux, et dans ce cas, un deuxième cercle de Popilius se forme autour de la ville de Lyon, qui ne peut prendre de l'eau que dans les Cévennes, c'est-à-dire après 19 siècles reprendre en sous-œuvre les aqueducs romains, modifiés comme tracé. Dans mes conclusions, je démontrerai par $A + B$, ce que j'avance.

Et maintenant, avant de commencer, qu'il me soit permis d'adresser mes remercîments à ceux qui m'ont aidé dans mes travaux, n'importe comment ; à mon regretté professeur, M L. Lembert, à mes amis, aux ingénieurs français ou étrangers qui m'ont adressé leurs travaux hydrauliques, et à celle qui a continué l'appui de M. L. Lembert — à laquelle Lyon devra peut être un jour d'entrer dans la voie du progrès — Mme Lembert.

Je dois tout vous dire, lecteurs, au moment où la question des eaux de Lyon va se juger, si les eaux des Cévennes sont mises sur le tapis, ce ne sera pas sans peine.

On a tout fait ce que l'on a pu pour les étouffer. La *Société d'Economie politique du Rhône* m'a refusé la parole ; mes anciens camarades de la Martinière me l'ont refusée également et après sept mois de pourparlers pour une conférence à la Martinière sur la question des eaux de Lyon, j'ai fini par en faire une sur le... charbon. Voyant que la question des eaux était irritante, j'ai parlé du feu afin de rafraîchir.

La presse de Lyon s'est désintéressée de la question, cela se comprend un peu elle était menacée d'être débordée par les travaux de nombreux concurrents. Néanmoins on n'agirait pas ainsi en Angleterre.

Cependant la *Gazette libérale* a donné mon premier travail, et la *Tribune lyonnaise* le second, que je reproduis dans cette brochure en respectant rigoureusement les articles. J'adresse mes remercîments aux rédactions de la *Gazette libérale* et de la *Tribune lyonnaise*.

Du temps que j'y suis, je proteste énergiquement, contre le compte-rendu de la Société de géographie de Lyon pour le congrès qui eut lieu en septembre 1881 à Lyon. A ce Congrès j'ai parlé des eaux des Cévennes pour la première fois, je crois même avec succès, si l'on en juge d'après les applaudissements d'un public d'élite (*Progrès*, 9 septembre) et les cartes qui m'ont été remises à la sortie de la séance ; mais je n'ai jamais dit ce que l'on me fait dire, dans le compte-rendu de la Société de géographie de Lyon.

Lisez-moi, lecteurs, c'est tout ce que je demande, et après vous direz comme moi : Quel est ce phénomène étrange ? Une ville qui marche au suicide en prenant les eaux de l'Ain et des marais de Meyzieux. Que se passe-t-il d'anormal ? Quels intérêts privés veut-on satisfaire ? Ce ne sont pas ceux de la Compagnie Générale des Eaux, pour sûr, car en amenant de l'eau *impotable*, elle perdra ses abonnés.

Qui trompe-t-on dans cette affaire ?

Marius MOYRET.

22 février 1883.

Dans les attaques contre les eaux de l'Ain et des marécages de Meyzieux, je dégage complètement l'honorabilité de M. Michaud, ingénieur des ponts et chaussées, et auteur desdits projets. Personnellement, ainsi que je l'ai déjà dit dans la *Gazette libérale*, j'ai pour lui la plus haute estime, et si ces eaux étaient bonnes, abondantes et rendues à des altitudes convenables, je m'inclinerais tout le premier.

Malheureusement tout manque : qualité, quantité et altitude, ainsi que le démontrent les rapports officiels ou officieux, faits cependant en faveur de M. Michaud. (Voir mes Conclusions.)

On parle du bon marché de ce projet; souvent le bon marhé est trop cher, et Lyon pourrait en faire une cruelle expérience à ses dépens.

Quand j'ai vu que tous m'évinçaient, je suis allé au *Cercle des Etudes sociales*, à la Croix-Rousse, et là, je dois le dire, ils m'ont bien compris. La potabilité, c'est quelque chose; mais il faut aussi respecter l'eau pour usages domestiques et industriels Il faut arrêter ce mouvement d'émigration de Lyon pour Saint-Chamond. — Il faut qu'un jour on puisse dire : Lyon première ville de teinture, teint ses fibres textiles dans ses murs et non à Saint-Chamond ou à Saint-Etienne.

On parle d'une deuxième canalisation industrielle ; pourquoi ne pas faire, dès le début, grand, en prenant les eaux des Romains, bonnes pour tous les emplois ?

LES
EAUX DES CÉVENNES A LYON

OU LE

Retour aux idées romaines

LE DOUX ET LA CANCE A FOURVIÈRE

Monsieur le Directeur,

Je viens entretenir les lecteurs de la *Tribune Lyonnaise* de la question des eaux de Lyon, qui est sur le tapis depuis le commencement de ce siècle. En ce moment, elle n'est rien moins qu'échouée, et cela, grâce aux faux points de départ des nombreux concurrents, qui ont oublié qu'en tout et partout il fallait partir du commencement.

Avant de vous présenter le Doux et la Cance et autres torrents des Cévennes, descendant du Mezenc et du Pilat, entre Givors et Tournon, permettez-moi de faire un peu d'histoire, afin d'éclairer la question.

Environ 500 ans avant J.-C ; une colonie grecque, remontant les rives de notre beau fleuve, frappée de la situation à la jonction de la Saône, fonda une ville, à laquelle elle donna le nom de *Lugdunus* (de Lug-Lagune et Dunus-Colline). Cette ville, bâtie sur la colline nommée aujourd'hui Saint-Sébastien, ne tarda pas à prendre de l'importance et devint la capitale des *Ségusiens*, lieu de rendez-vous commercial de vingt-six peuples. Telle était, avant les chemins de fer, la ville de Beaucaire, telle est encore aujourd'hui Nidjni-Novogorod, en Russie.

Ses rivières reçurent les noms de *Rhodanus* (Impétueux) et d'*Ar*. (rivière). — Vous avez tous compris que le Rhodanus antique n'est autre que notre beau Rhône, trop beau par moments, et l'Ar, la Saône.

Lorsque les Romains, sous la conduite de Jules César, firent la conquête des Gaules, ils s'emparèrent d'abord de Vienne, capitale des *Allobroges* et rivale de Lyon, d'où partit quelques années plus tard une nouvelle colonie romaine, sous la conduite de *Munantius-Plancus*, qui vint implorer l'hospitalité des Ségusiens de Lugdunus, lesquels la leur accordèrent.

A cette époque, accorder l'hospitalité aux Romains pour s'établir en paix chez soi, était la même chose que si de nos jours on accueillait les Allemands pour fonder une colonie au centre de la France. De protégés, ils ne tardèrent pas à devenir les dominateurs, et de la colline bordant la rive droite de l'Ar, à laquelle ils donnèrent le nom de *Forum* (marché), d'où l'on a fait Fourvière, ils s'étendirent et devinrent les maîtres de Lugdunus.

Ils modifièrent d'ailleurs les noms : de Lugdunus, ils firent *Lugdunum*, d'où, par des corruptions successives, l'on a fait *Ludunum*, *Luum*, puis *Lyon* ; d'Ar, ils firent *Arar* (la rivière); de Rhodanus, *Rhodanum*. Plus tard, le nom d'Arar, trop générique, fut changé, après la domination romaine, en celui de *Sagóna* (molle), d'où l'on a fait Saône, et celui de Rhodanum en *Rhône*.

Mais, tout en devenant les dominateurs, les Romains apportèrent la civilisation et le besoin de confortable. Il leur fallait de l'eau, et de l'eau. Le nom de Lugdunus est la clef des difficultés qu'offre Lyon pour une alimentation d'eau. En effet, la ville des collines et des lagunes n'est point commode à alimenter en eaux. Ce n'est pas une ville en plaine, ni même sur le versant d'un coteau unique, c'est une cité déchiquetée, tantôt en plaine, tantôt en coteau et tantôt sur des plateaux élevés.

Mais les Romains ne reculaient devant rien, et il ne leur serait jamais venu à l'idée d'amener de l'eau à mi-côte des collines. Coûte que coûte, ils ont établi de nombreux aqueducs, dont on voit encore de beaux restes.

Les uns amenaient sur le plateau du Forum les eaux du Mont-d'Or, les autres, celles de la Brévenne, en passant par les Massues. Mais le principal était celui qui, partant du Gier, sur les flancs du Pilat, dernier bastion des Cévennes, passant à Saint-Chamond, suivant la chaîne de Riverie, passant par Mornant, Chaponost, débouchait au *Plat-de-l'Air*, où l'on voit encore de nombreux arcs (Plat de l'Air, corruption de Vir les Airs ou vers les Arcs) descendait en syphon à Beau Nan (Beau vallon), et de là remontait à Saint-Irénée, par des syphons en plomb, se soudant aux aqueducs de la Brévenne et du Mont-d'Or.

Après avoir desservi largement le Forum et la colline, l'aqueduc continué débouchait, par un tunnel fait dans le granit, à la broche ou barre à mine, dans le passage Gay. L'ensemble des travaux fut fini sous Tibère, l'an 10 avant J.-C. De là, plongeant par de nouveaux siphons en plomb, l'aqueduc desservait le quartier appelé aujourd'hui Bourg-Neuf, traversait la Saône et allait sur la colline de Saint-Sébastien.

(*Tribune Lyonnaise* du 6 janvier 1883)

Les Romains, dans leur aqueduc du Gier, après le captage du Gier captaient les eaux de la chaîne de Riverie, du Garon et de l'Izeron. Fait digne de remarque, dans ces captages ils ont toujours dédaigné les sources calcaires, et cependant ils n'étaient pas chimistes ; mais à cette époque le gros bon sens l'emportait.

Il est évident que si les aqueducs eussent été entretenus, la question des eaux de Lyon n'existerait pas aujourd'hui, car Lyon serait doté de

60 à 80,000 mètres cubes par jour, d'une eau admirable comme pureté, au lieu de 35 à 40,000 par les pompes de la Compagnie, plus ou moins pure, claire, trouble ou chaude.

On m'objectera que, par suite des déboisements, les sources se sont ralenties ; mais à cela je réponds que la science y eut remédié par l'établissement de barrages sur le Gier, les ruisssseaux de la chaîne de Riverie, le Garon ou l'Izeron. Aujourd'hui, cela n'est plus possible. Par suite de la pureté des eaux de ces ruisseaux, de nombreuses industries sont allées s'établir sur leurs bords, voire même la teinture lyonnaise, et l'on ne peut plus songer à s'en emparer sans soulever des questions de droit commun et des procès que Lyon serait sûr de perdre.

Jusqu'au Vme siècle, époque de la décadence romaine, malgré les terribles crises que supporta Lyon sous les empereurs Néron et Septime Sévère, les aqueducs furent entretenus. Ce ne fut que lorsque les *Burgondes* (Bourguignons), dont Sidoine Apollinaire nous a laissé un assez triste portrait, s'établirent à Lyon en 478, que les aqueducs furent délaissés. Finalement, ils disparurent dans les nombreuses tourmentes qui se succédèrent — invasion des Arabes principalement, — et à dater de ce moment l'alimentation en eau de Lyon était confiée aux soins du ciel, alimentant les puits ou citernes.

Ce n'est qu'en 1770 que l'Académie de Lyon mit au concours la question des eaux de Lyon. En 1775 la question fut résolue et un prix donné à l'ingénieur Ferregeaux, auteur d'un mémoire sur la dérivation des eaux du Rhône. On en resta d'ailleurs là.

En 1807, l'Académie remit la même question au concours et sans résultat.

En 1833, nouvelle tentative de la part de l'Académie, et cette fois M. Thiaffait obtint le prix pour un mémoire sur la dérivation des eaux de source de Royes, Fontaines et Neuville-sur-Saône (très calcaires).

En 1835, Barillon fit paraître un mémoire sur une dérivation de l'Ain.

En 1840 parut ce que M. le docteur Saint-Lager, rapporteur de la commission des eaux de Lyon en 1882, appelle un *remarquable ouvrage* de Dupasquier, professeur de chimie à l'Ecole de Médecine et de la Martinière, et ce que, nous, nous appellerons : *une grande erreur de Dupasquier*, sur les eaux du projet Thiaffait.

En cela, nous sommes d'accord avec tous. On se demande comment un homme de la valeur de Dupasquier a pu préconiser des eaux aussi calcaires et bonnes à rien, que celles des sources de Fontaines, Royes, Neuville, Feytan, Ronzier, etc.

En 1865, M. P. Hugueny, à propos des eaux de Strasbourg, a d'ailleurs vertement critiqué les théories de Dupasquier, qui a puissamment contribué à induire Lyon en erreur. En effet, chose curieuse, Lyon, ville où l'on devrait le mieux connaître la qualité de l'eau, est celle où l'on est le moins avancé à cet égard.

De tous les côtés, les villes marchent au progrès ; seule, Lyon, ne veut rien savoir. Et quand toutes les villes industrielles vont de l'avant, en prenant les eaux granitiques et pures, Lyon veut des eaux aussi calcaires que possible ; et ce, pour satisfaire l'opinion de quelques hygiénistes qui, confondant autour avec alentour, veulent voir dans le carbonate de chaux, de l'eau, la source de notre ossification, oubliant que les os sont en majeure partie en phosphate, provenant des aliments solides et non de l'eau. Il y a mieux, les hygiénistes de toutes les villes, tout en mettant en doute l'utilité du carbonate de chaux dans la jeunesse, n'hésitent pas à le regarder comme nuisible après la période de l'adolescence. Qui croire ? Dupasquier ou les hygiénistes du restant du globe ?

En 1843, MM. Darmès et Peyret-Lallier, proposèrent de rétablir les anciens aqueducs romains, mais la proposition en resta là pour les raisons données plus haut.

En 1844, M. Guimet, à la Société d'Agriculture, dans un rapport, fit pencher la balance en faveur d'un projet dû à M. Aristide Dumont, consistant à puiser l'eau de la nappe souterraine de Lyon à Saint-Clair et à l'établir à l'aide de machines (reprise des idées de MM. Renoux et Mathieu en 1834).

En 1839, M. Barillon avait proposé de dériver l'Ain au Pont-d'Ain, pour créer à Lyon des forces motrices pour les besoins de l'industrie et l'élévation des eaux potables.

En 1849, Garelle et Ballefin proposèrent une dérivation du Rhône au confluent de l'Ain, en aval, pour le même motif. Ce projet a été repris de nos jours par M. Prunier.

Enfin, les eaux des lacs de Nantua, du Bourget et de Genève, ont été successivement proposées.

De même, en 1843, des dérivations de la Loire (projet dit de Vorey) et du Lignon (de la Haute-Loire). Ces deux derniers projets devaient alimenter sur leur passage Saint-Etienne.

Finalement, en 1853, la ville adopte le projet de M. Aristide Dumont, qui fonctionne encore et qui consiste à puiser dans des galeries filtrantes établies à Saint-Clair, 30 à 35,000 mètres par jour et à les refouler pour les besoins de Lyon à trois hauteurs différentes (hauts services, services moyens et bas services). Ce projet étant devenu insuffisant, un concours a été ouvert il y a trois ans, et, c'est des projets mis à ce concours que j'entretiendrai les lecteurs, dans le prochain article, avant de passer aux eaux des Cévennes.

(*Tribune Lyonnaise* du 3 janvier 1883).

Me voici arrivé à la partie la plus délicate de mon sujet, c'est-à-dire à l'examen des divers projets mis au dernier concours des eaux de la ville de Lyon.

Certes ils sont nombreux, et franchement l'on comprend l'embarras du Conseil municipal pour se prononcer dans une aussi grave question, d'autant plus qu'ils se compliquent de rapports officiels ou officieux en nombre presque aussi grand.

Joignons à tout cela les intérêts privés qui seraient gravement lésés par l'adoption de telles ou telles solutions, comme cela eut lieu lorsque les chemins de fer mirent fin aux règnes des diligences et des auberges routières, et nous aurons la clé de l'indécision qui règne au sein de notre Conseil pour la solution de la question des eaux.

Ce n'est pas d'ailleurs sans une certaine satisfaction que l'on voudrait voir, dans un monde à idées rétrogrades, un Conseil municipal élu au suffrage universel, incapable de se tirer d'affaire, afin de réserver à une commission municipale devant venir dans des temps meilleurs (quand ?) l'honneur de faire grand, c'est-à-dire quelque chose digne de Lyon. Des attaques violentes ont eu lieu contre M. le Maire en particulier et la Compagnie Générale des Eaux. Nous les dédaignons complètement et n'en parlerons pas.

Et maintenant, avant de commencer disons une fois pour toutes que le concours des eaux de Lyon soulève une question d'intérêt général, qui est en même temps celui de la Compagnie, et des questions d'intérêts privés, hostiles à ceux de la Compagnie et qu'il faut sacrifier. Les intérêts de la partie doivent céder le pas à ceux de la généralité. En dehors de ce raisonnement les chemins de fer, les navires à vapeur, la poste et le télégraphe électrique, etc., seraient encore dans les limbes.

Les projets en discussion et mis au concours en temps opportun ou non, sont tellement variés, que si je n'employais pas la *méthode*, pour me servir d'une expression de l'immortel Descartes, je ne verrais pas quelle pourrait être le fil d'Ariane qui me conduirait dans ce nouveau labyrinthe.

Aussi vais-je ranger les eaux mises aux concours non d'après les auteurs des projets, mais d'après leurs qualités, en partant des plus pures pour arriver aux plus mauvaises.

Le lecteur verra, en regard de ces eaux un chiffre indiquant le degré hydrotimétrique, sur lequel je reviendrai plus tard. Plus le degré est faible, mieux vaut l'eau. Je divise d'ailleurs les eaux en trois classes :

1° Eaux douces ;
2° Eaux calcaires ;
3° Eaux dures et non potables.

Eaux douces.

Doux, Cance, etc., (Cévennes). . . .	1 à	2 deg.
Coise (Loire).	1	2
Lignon du Sud (Haute-Loire). . . .	1	2
Loire (Loire).	4	5

Eaux calcaires.

Lac de Genève.	12	»
Rhône, selon les limites de captage. .	13	17

Limite des eaux potables

Fixée d'après Belgrand, pour les eaux de Paris, à	18	deg. 60

Eaux dures.

Ain.	24	»
Sources de Saint-Maurice-de-Rémens .	23	»
Glaud (Ain).	27	»

En dehors de ces projets, il y en a de l'Isère, du Mont-Blanc, de la Saône ; bref, de quoi occuper l'humour des étrangers qui lisent les travaux de Lyon pour ses eaux. Il y a même, dit-on, un projet d'air comprimé qui, grâce à l'établissement de 15 à 1.600 roues hydrauliques, portées par 4 à 500 bateaux établis sur les bras du Rhône, entre l'embouchure de l'Ain et Lyon, donnerait une force de 10.000 chevaux-vapeur qui assurerait l'alimentation de la ville de Lyon en eau. claire, fraîche. etc., puisés dans des galeries filtrantes établies. Où? Là est la question. En attendant, disons que ce projet entraînerait un personnel de surveillants de jour et de nuit, d'employés, qui, avec les femmes et les enfants, les fournisseurs, représenterait une population de 10 à 12.000 âmes ; soit une ville comme Bourg, s'occupant de donner de l'eau à Lyon. Arrêtons-nous là, sinon il faudrait le concours d'Offenbach pour mettre en musique légère la question des eaux de Lyon.

J'ai parlé de la qualité, mais à côté de cela il y a la question de la *cote* ou *altitude* (hauteur), au-dessus du niveau de la mer, à laquelle doivent être rendues les eaux de Lyon.

Si j'ai divisé les eaux pour la qualité en trois classes, pour la cote, je ne les diviserai qu'en deux classes : cotes élevées et cotes inférieures. Les cotes élevées correspondent, grâce à la disposition des terrains avec la qualité supérieure des eaux, et *vice versa*. Les Romains l'avaient bien compris il y a dix-neuf siècles.

Cotes élevées :

Eaux douces rendues à volonté de 260 à 320 mètres à Fourvière.

Cotes inférieures :

Eaux calcaires et eaux dures de 208 à 210.

Ainsi, avec la qualité de l'eau l'on a en même temps la cote suffisante pour alimenter tout Lyon avec une pression suffisante, et même les plateaux élevés, sans le concours de pompes à feu, toujours coûteuses d'entretien et comme combustible. Ces conditions expliquent au lecteur, dès maintenant, pourquoi les eaux douces sont sans rivales, en attendant que je le démontre.

Je vais continuer l'emploi de la méthode pour classer les projets, et le lecteur, en suivant mon raisonnement, verra que la question des eaux de Lyon, si compliquée quand on l'examine à première vue, ressemble fort aux bâtons flottants de Delphes (fable d'Esope) : de loin, c'est quelque chose, de près ce n'est rien.

Comme ma personnalité est en jeu, et pour répondre à des objections qui pourraient m'êtres faites, je dois dire que j'ai en main tous les documents convenables pour répondre à n'importe quel argument ; que d'ailleurs, je m'occupe depuis vingt-deux ans d'hydrologie et que les eaux du Doux ont été signalées, pour la première fois, il y a sept ans, à l'époque où la question des eaux de Lyon n'existait pas, dans un ouvrage que j'ai écrit et intitulé : *Teinture de la Soie*.

(*Tribune Lyonnaise* du 20 janvier, 1883).

Le lecteur a vu que les eaux des Cévennes (notre projet), de la Coise (projet Giraud), et du Lignon (projet Boulangier), étaient égales en qualité et tenaient sous ce rapport la tête de tous les projets. En pureté elles égalent les célèbres eaux des lacs écossais, que les Anglais vont chercher, coûte que coûte, pour leurs villes industrielles (Manchester, Glascow, Bloton, Liverpool, etc.).

La Loire (projet Raclet) vient ensuite, mais ayant reçu au point de prise les égoûts de diverses villes, Monistrol, Yssingeaux, Le Puy, Firminy, La Ricamarie, Le Chambon, elle est moins pure, et, tout en étant douce, elle n'est plus granitique, c'est-à-dire de l'eau prise en montagne aux pieds des hauts plateaux, et avant la desserte de toute ville importante.

L'école anglaise, depuis le siècle dernier, admet comme prototype des *Eaux industrielles*, les eaux granitiques, prises en montagne. Depuis, les Américains, les Autrichiens, Allemands, Belges, etc., ont emboîté le pas et ne prennent des eaux calcaires que lorsqu'ils ne peuvent faire autrement.

C'est qu'en effet, le type de l'*Eau industrielle*, je souligne le mot avec intention, est celui qui convient à tous les emplois, usages domestique et potabilité, tandis qu'une eau potable peut ne pas convenir aux usages domestiques et industriels.

Les célèbres hydrologues anglais (Thomson, Roscoë, Frankland, Crace-Calwert, Ward) ont admis comme type les eaux très douces, claires, limpides, fraiches, aérées et privées de microbes ; en France, le non moins célèbre hydraulicien Belgrand, pour les eaux de Paris, a conseillé les eaux les plus pures. Il a admis que l'eau pouvait être calcaire, mais qu'à la limite de 18° 6 elle cessait d'être potable.

C'est le cas des eaux du département de l'Ain (sources de Saint-Maurice-de-Rémens, projet Michaud ; Gland, projet Guiguet) qui titrant plus de 20°, sont incrustantes et ne valent rien pour la cuisson des légumes, la panification, la préparation du thé, du café, de la bière, le lavage du linge, les soins de propreté, et pour l'industrie en général.

On objecte que Belgrand a pris pour Paris les eaux de la Dhuys et de la Vanne qui titrent 21° ; mais il faut remarquer que, dans le bassin de la Seine, ce sont les meilleures et le plus à proximité de Paris (126 et 130 kilomètres). Paris a bien demandé à plusieurs reprises des dérivations de la Loire ; mais cela a soulevé une question de droits des riverains.

C'est là ce qui fait que, pour Lyon, il ne faut compter ni sur la Coise, ni sur le Lignon ou la Loire. Saint-Etienne et toutes les villes du littoral jusqu'à Nantes protesteraient. De plus, le département entier de la Loire proteste au nom de son industrie tinctoriale de Saint-Etienne, Saint-Chamond, Roanne, etc. Son raisonnement est bien simple : Comment, vous voulez venir prendre nos eaux pour nous faire concurrence, nous ne le permettrons pas. Puisque vous voulez des eaux granitiques, prenez-les dans le bassin du Rhône et en dehors du département de la Loire. Ainsi, j'étais dernièrement à Saint-Etienne et j'ai appris que le département de la Loire s'opposerait à toute prise dans les eaux du Dorlay, de la Duraise, affluents du Gier. De même aux torrents descendants du Pilat venant du Rhône, mais compris sur le territoire du département de la Loire.

L'Iseron et le Garon, situés aux portes de Lyon, étant trop petits pour l'alimenter, il ne nous reste plus qu'à aller directement aux premiers grands torrents des Cévennes : Cance, Ay, Doux, et plus tard, dans l'avenir, à l'Eyrieux. La Cance est à 54 kilomètres de Fourvière, le Doux à 85 et l'Eyrieux à 95. On voit que ce n'est pas trop loin. Et là nous aurons quantité et qualité. Nous aurons ces célèbres eaux industrielles qui, tout en étant très potables, aident puissamment à la prospérité d'une grande ville, et conséquemment permettent à sa population de mettre du vin dans l'eau, ce qui en augmente les qualités hygiéniques.

L'intérêt général est en même temps celui de la Compagnie, ai-je dit précédemment. En effet, que veut celle-ci ? des abonnements. Eh bien ! elle les augmentera avec les eaux douces, tandis qu'avec des eaux aussi calcaires que celles de Saint-Maurice-de-Rémens, qu'elle patronne on ne sait trop pourquoi, elle aura des désabonnements. Qu'on ne se fasse pas des illusions, la population de Lyon, et même la classe ouvrière, est plus éclairée qu'on ne le croit sur la question des eaux, et l'on vous dira : « Donnez-nous des quantités d'eau douce et nous nous abonnerons *à un prix convenable*. Que nous importent vos eaux dures à bas prix, si nous ne pouvons pas nous en servir. » C'est d'ailleurs ce qui s'est passé dans plusieurs villes anglaises, et notamment à Stockport, où des compagnies avaient des eaux calcaires et douces. Peu à peu, pour faciliter les abonnements, elles ont abandonné leurs sources calcaires.

Cinq projets sont donc écartés : Coise, Lignon, Loire, sources de la vallée de l'Ain et Gland. Plus loin, je démontrerai que les autres le sont fatalement. Il ne reste plus que les eaux des Cévennes, représentées par la Cance, l'Ay, le Doux et l'Eyrieux.

De la Cance, j'exclus son affluent, la Deaume, grossie du Ternay, réservée pour les besoins d'Annonay.

Quant à ces torrents aux eaux pures descendant de la chaîne des Bouttières, du Mezenc et du Gerbier-des-Joncs, on peut les prendre en paix, car ils n'ont pas de riverains.

On me dit et redit : « Il n'y a pas d'eau dans ces pays. » A cela je réponds simplement : « Qui a émis cette assertion ? N'y aurait-il pas derrière des intéressés à empêcher l'arrivée de ces eaux à Lyon ?

Comment, il n'y a pas d'eau et c'est le pays où il pleut le plus en France ; les vents d'Afrique, saturés d'humidité par leur passage sur la Méditerranée, viennent rebondir sur les flancs des Cévennes du Vivarais, où ils s'essuient. Des orages fréquents et terribles s'abattent sur les plateaux élevés, où il tombe en moyenne 1 mètre 40 à 1 mètre 60 et même 1 mètre 80 d'eau par année (au Tauargue) ; plus loin, ces vents, dépouillés de leur humidité, ne donnent plus que 1 mètre sur le Pilat et 0 mètre 80 dans les montagnes lyonnaises.

Je n'ai jamais pu faire une excursion dans la chaîne des Bouttières, au Mezenc, sur les bords de l'Eyrieux, sans recevoir une trombe. Le ciel est clair à La Mastre, mais voyez ce point noir qui se forme sur les flancs du Mezenc, et hâtez-vous de rentrer à l'hôtel, car un déluge va s'abattre, et dans deux heures le Doux roulera ses eaux furieuses, ravageant tout sur ses bords, se précipitant avec impétuosité dans les gorges sauvages qui le conduisent de Boucieu-le-Roi à Tournon, où, coupant le Rhône en deux, il ira rebondir sur la rive de Tain, arrêtant la battellerie, et roulant modestement 1,500 mètres cubes à la seconde, presque autant que la Seine à Paris dans ses grandes crues. La Cance et l'Ay sont moins terribles. Quant à l'Eyrieux, digne rival de l'Ardèche, il atteint des débits de 4,000 à 4,500 mètres à la seconde (ce que roulait la Saône en 1840), et des crues de 17 mètres dans les ravins.

Eh bien ! ce sont ces torrents qu'il faut museler à la grande joie de leurs quelques riverains et des voisins du Rhône en aval de leurs embouchures. Pour cela, il suffit d'établir de nombreux barrages dans les gorges sauvages qu'ils traversent. Là, leurs eaux captées s'éclairciront très facilement, car c'est leur caractère de déposer rapidement et, conduites par des acqueducs au lieu de porter la dévastation en aval de Tournon, viendront en amont, à Lyon, porter le bien-être et faire de notre ville la cité inattaquable, pour la teinture de la soie en particulier, et de toutes les fibres en général. (Voir mon Traité sur la *Teinture de la soie*, page 118).

(*Tribune Lyonnaise* du 27 janvier 1883).

Je vais maintenant exposer sommairement la dérivation du Doux à Lyon. D'un côté, soyez contents, lecteurs, de ce que la place me force à vous faire grâce d'interminables calculs, de devis aussi longs que fastidieux à suivre; mais, de l'autre, je regrette pour vous de ne pouvoir vous conduire, parmi ces magnifiques paysages, des bords du Doux à ceux de l'Izeron, généralement peu connus et qui s'étalent des hauts plateaux de la chaîne des Bouttières, du Mezenc, du Pilat, des montagnes lyonnaises, aux bords du Rhône, qui coule à leurs pieds capricieusement, tantôt calme et imposant, tantôt rapide et fougueux, et présentant toujours l'aspect d'un fleuve à moitié dompté, avec ces rives demi-sauvages et demi-civilisées.

Mais je m'arrête, car je m'aperçois que la *folle du logis* m'entraîne en dehors de mon sujet.

A dix kilomètres en ligne droite de son embouchure, située en amont de Tournon, le Doux roule ses eaux furieuses dans les gorges sauvages et encaissées de *Mort-d'Ane*; c'est ici, si vous le voulez bien, que sera le point de départ des eaux du Doux pour Lyon. Etablissons à la cote 260^m un barrage de retenue de 40^m de haut, de façon à élever le plan d'eau à celle de 300^m, et nous aurons un réservoir à niveau constant, dans lequel viendront se rassembler les eaux de ce torrent fougueux déjà captées dans 8 ou 10 barrages gigantesques établis sur lui-même et ses affluents, la Sumène et la Daronne.

Grâce à la disposition des lieux, à la proximité des matériaux, je n'estime pas le coût de ces barrages à plus de 20 millions. Que ce chiffre ne vous effraie pas.

A ce point, nous réunirons les eaux d'un bassin de 60,000 hectares (Saint-Etienne, pour ses deux réservoirs, n'en a que 2,500) qui, si l'on admet une hauteur minimun de 0^m 30 d'eau captable dans les années les plus sèches, nous donne un cube de 180 millions de mètres par an, ou 500,000 mètres cubes par jour. C'est clair et précis, comme tout ce qui ressort du domaine des mathématiques. Mettons 400,000, pour contenter des détracteurs de mon projet qui disent qu'il n'y a pas d'eau dans les Cévennes.

Sur ces 400,000 mètres cubes, 300,000 seront réservés pour Lyon et 100,000 pour les besoins de Tournon, qui capte en ce moment le Doux. Ces 100,000 suffiront non-seulement pour Tournon et les usines de Saint-Jean-de-Muzols, mais encore pour aller irriguer les plaines qui s'étendent entre Tournon et Saint-Péray et combattre les ravages du phylloxéra.

Les eaux sortant du barrage de *Mort-d'Ane* couperont l'éperon du même nom, en tunnel, puis traverseront plus bas le Doux sur un pont-aqueduc, couperont de nouveau en tunnel un cap, pour venir au-dessus des ruines du *Pont de César*. Là, les 400.000 mètres se diviseront comme suit :

1° 300,000 changeant de direction, allant du sud au nord en suivant les collines de la rive droite du Rhône, viendront, après un parcours de 80 kilomètres en tunnels, tranchées et aqueducs, déboucher à la *Côte-de-Lorette*, à Oullins, où nous les retrouverons plus loin, à la cote de 275 mètres, avec une pente uniforme de 0^{m}30 par kilomètre dans tout le parcours.

2° 100,000 mètres, réservés pour Tournon, tomberont dans le barrage de Tournon, à la cote de 150 mètres, avec une chute utile de 140 mètres, et produisant une force théorique de plus de 2,000 chevaux-vapeur ; en pratique, si vous le voulez bien, mettons 1,500, marchant jour et nuit, représentant à 400 fr. l'un, 600,000 fr. par an, soit l'intérêt de 12 millions de francs.

Nous avons précédemment : barrages établis, 20 millions plus 2 millions pour venir de *Mort-d'Ane* à *Pont-de-César* ; joignez-y 1 million pour le pont-aqueduc traversant le Doux, et 1 million pour l'installation de turbines, nous aurons un total de 24 millions, duquel nous pouvons défalquer 12 millions en s'entendant avec une Compagnie qui prendrait la force motrice pour l'éclairage électrique de Tournon, Tain, Valence, Romans, etc.

De ces 12 millions, j'en déduis encore 4 millions, car l'Etat s'intéresse toujours aux travaux de barrages. Ce serait la première fois qu'il refuserait de participer à une œuvre d'utilité publique, d'autant plus qu'en supprimant les crues du Doux, on fertiliserait les plaines de Tournon à Saint-Péray.

En réalité, on partirait du Doux à *Pont-de-César*, avec une dépense initiale de 8 millions, et un débit de 300,000 mètres par jour, pour aller jusqu'à Givors, en coupant les chaînons et les vallées descendant des hauts plateaux par une série de tunnels et de ponts-aqueducs construits économiquement en utilisant les roches extraites des premiers. Jusqu'ici, rien de bien saillant, si ce n'est que les travaux devront être faits de manière à pouvoir rouler un jour 600,000 mètres — il faut tout prévoir — en captant plus tard l'Ay la Cance et autres ruisseaux roulant des eaux d'égale pureté.

A Givors, établissement d'un pont aqueduc-syphon pour traverser le Gier, le Mornantay et le Garon et se jeter sur le plateau de Vourles, de celui-ci traverser par un pont-acqueduc-syphon, pour aller au plateau dominant Brignais et de Brignais dernier pont aqueduc-syphon pour déboucher à la *Côte-de-Lorette* à la cote de 275 mètres.

Les uns dans les autres j'estime ces travaux à 400 fr. le mètre courant, soit pour une longueur totale de 80 kilomètres, une dépense de 32 millions avec 8 millions précédemment nous aurons une somme de 40 millions (Nota. Je ferai remarquer que, dans mes devis détaillés tout est compté y compris l'intérêt de l'argent et l'agio du capital).

Encore une fois, que ce chiffre n'effraie personne, car à *Côte-de-Lorette*, l'eau de la basse ville est beaucoup trop élevée, ce qui permettra, en réservant 50,000 mètres pour les hauts plateaux, de créer une chute utile de 250,000 mètres par jour tombant de 50 mètres et donnant une force théorique de plus de 2 millions chevaux-vapeur marchant jour et nuit, mettons 1,500 à 400 fr. l'un, soit 600,000 fr. par an ou l'intérêt de 12 millions à défalquer. Si de 40 millions nous enlevons 12 millions, il restera 28 millions de frais pour la Compagnie générale des eaux, que je n'ai nullement l'intention de renvoyer. De même qu'à *Pont-de-César*, celle-ci s'entendra avec la Compagnie du gaz pour l'éclairage électrique d'une partie de Lyon.

D'ailleurs, par le temps qui court, l'emploi des forces motrices n'est pas à chercher, l'essentiel est de les avoir dans de bonnes conditions. Eclairage électrique, air comprimé, câbles télégraphiques, etc., sont là pour les utiliser.

(*Tribune Lyonnaise* du 10 février 1883).

Avant de continuer, je vais répondre aussi brièvement que possible à des demandes qui m'ont été faites au sujet de mon tracé exposé dans le dernier numéro.

Barrages.

L'eau ne peut se corrompre dans des barrages d'une grande capacité et faits de manière à avoir, dans les plus bas étiages, dix mètres de fond, d'autant plus qu'il entre et sort constamment de l'eau dans ces réservoirs, ce qui en fait de petits lacs artificiels.

Quant à la subvention gouvernementale, que j'estime à 20 0/0 des travaux, elle n'a rien d'exagéré. Au barrage du *Gouffre-d'Enfer*, à Saint-Etienne, l'Etat a payé 370,000 francs sur 1,600,000, soit 35 0/0.

Réservoir de Mort-d'Ane.

Ce barrage a pour but de relever à un niveau constant les eaux du Doux pour Lyon, soit à l'altitude de 300 mètres. De plus, il doit les clarifier et en régulariser la température.

Pour la clarification, ce barrage, établi en aval de la jonction du Doux et de la Daronne, fera refluer les eaux en amont de ce confluent. Et si les eaux captées, comme il est dit précédemment, dans les barrages établis sur le Doux supérieur, la Sumène et la Daronne, arrivent limpides en temps normal dans le bassin de Mort-d'Ane, il se pourra qu'à la suite de crues non captables, elles arrivent troubles dans ce réservoir. Dans ce cas, elles achèveront de se clarifier.

Ainsi fait le Rhône qui, entrant bourbeux au Bouveret, dans le lac de Genève, sort limpide comme l'azur d'un ciel sans nuages, à Genève.

Dans les lacs ou réservoirs profonds, grâce aux admirables propriétés physiques de l'eau, la température, dans le fond, se rapproche, été comme hiver, de celle des sources : soit de 10° à 11° centigrades.

En effet, en été, la surface de l'eau seule s'échauffe. L'eau devenue chaude est plus légère et sert de manteau protecteur à celle contenue plus bas et plus lourde. De même, en hiver, par une anomalie qui a sa raison d'être dans le merveilleux équilibre de notre planète, l'eau transformée en glace, au lieu de suivre les lois normales de la physique et de devenir plus lourde, devient plus légère et forme un manteau protecteur comme l'eau chaude en été.

La température du fond d'un réservoir profond est donc déterminée par les données suivantes :

1° Température normale du sol du barrage ;
2° En été, température solaire de la surface ;
3° En hiver, refroidissement hivernal de la surface ;
4° Epaisseur de l'eau.

Finalement, elle tourne entre 6° et 8°.

L'eau de Lyon partira donc du fond du réservoir à l'aide de tubes plongeant jusqu'au fond et faisant siphons.

Forces créées au Pont-de-César.

Au sujet des forces électriques emmagasinées et transportées par des câbles électriques à de grandes distances, je sais que ces derniers, dans les cas d'incendie ou le voisinage de boiseries, etc., offrent de réels dangers et peuvent même foudroyer les imprudents volontaires ou involontaires, ainsi que le disait très bien le *Courrier de Lyon* récemment. Mais qu'est-ce que cela prouve ? Rien. Lorsque la vapeur a paru, que d'accidents n'a-t-elle pas engendré : long est le martyrologe des pionniers de la vapeur. Quant à l'électricité, ma conviction est qu'il le sera moins ; on arrivera rapidement à se rendre maitre des difficultés secondaires.

Droits de Tournon

Les droits de Tournon seront réservés. En effet, que roule le Doux actuellement ? de 30 à 40.000 mètres par jour. Or, je propose de réserver sur la prise de Lyon 100,000 mètres 3 qui se répartiront comme suit :

1° 60,0000 mètres par jour pour Tournon et les irrigations de la plaine comprise entre Tournon et Saint-Péray (Tournon n'a actuellement que 7,000 habitants).

2° 40,000 mètres par jour, pour continuer à desservir l'ancien lit entre le barrage de Pont-de-César et l'embouchure du Doux à Saint-Jean-de-Muzols.

D'ailleurs, en aval du départ des eaux du Doux pour Lyon, à Mort-d'Ane, et avant la retenue de Tournon, le Doux reçoit sur sa rive droite un affluent sérieux et non moins torrentueux que lui, le d'*Uzon*, que l'on pourrait capter par un ou deux travaux de barrage et facilement pour Tournon.

Pour terminer, au moment où Lyon agite sa question des eaux, Tournon l'a résolue, et ce, grâce à l'énergie de son maire, **M. Marius Juveneton**. — Finalement, après avoir étudié les projets donnant avec des pompes à feu hydrauliques, les eaux filtrées du Rhône.

Sur la place des Graviers, en haut de la basse ville, on s'est décidé, malgré le surcroît des dépenses, à amener naturellement les eaux du Doux, captées et relevées comme niveau au Pont-de-Jules-César.

Les usines de Saint-Jean-de-Muzols

Après le Pont-de-César, le Doux roule encore quelques instants ses eaux furieuses jusqu'au *Grand-Pont*, sur la route de Saint-Félicien, puis après 56 kilomètres de parcours et environ 900 mètres de chute, il éprouve le besoin de se reposer, et il entre dans une vallée s'éloignant au fur et à mesure, et allant de l'Ouest à l'Est jusqu'au Rhône, où il se jette perpendiculairement au cours du fleuve.

A ce point, après avoir été traversé par deux ponts, celui du chemin de fer, rive droite du Rhône, et le pont de la route d'Annonay, qui rappelle assez notre pont Saint-Vincent par sa forme et ses dimensions, il roule un volume d'eau compris entre 40,000 mètres par jour ou 450 litres à la seconde, et par moments, 1,500 mètres à la seconde. En résumé, le Doux apporte au Rhône un contingent moyen de 1,000,000 de mètres par jour, et même plus. Il tombe à la cote de 110 mètres, après un parcours d'environ 60 kilomètres.

Après le *Pont-de-César*, il dessert d'abord deux moulins, puis il arrose les plaines de ses bords et, finalement, il fait la fortune des garanceries sur soie, à Saint-Jean-de-Muzols.

A propos des garances, permettez-moi, lecteurs, de vous dire que toutes les fois que vous verrez une garancerie établie sur un ruisseau, de même une teinture en soie pour souple noir, vous pourrez vous dispenser de faire l'analyse de ses eaux. Garancés et souples noirs ne peuvent se faire qu'avec des eaux très pures.

Au pont de Saint-Jean-de-Muzols, il représente en temps normal un véritable filet d'eau se perdant dans les graviers ; mais c'est dans ce filet d'eau qu'on vient laver le linge de 6 kilomètres à la ronde, des bords de la rive droite et de la rive gauche du Rhône !

C'est qu'en effet, avec ses eaux, non seulement il faut moins de savon, mois encore le linge, tout en étant rendu plus blanc, est mieux ménagé. Ainsi que je le démontrerai plus loin, le Doux économiserait à Lyon, tant en savon qu'en usure du linge, environ 2 millions de francs annuellement, c'est-à-dire l'intérêt de 40 millions comparé à l'emploi de l'eau du Rhône, tandis que l'eau de Saint-Maurice-de-Remens augmenterait la dépense de l'emploi de l'eau du Rhône pour le même usage de 1 milion de francs annuellement.

(*Tribune Lyonnnaise* du 17 février 1883).

L'Aqueduc de Lyon

Cet aqueduc se divisera en deux parties bien distinctes :
1° Du Pont-de-César à Givors, rive gauche du Gier ;
2° De Givors, rive gauche de Gier, à Côte-de-Lorette.

La première partie, du Pont-de-César, en amont de Givors, à *Croix-Fontgiraud*, à la cote de 280 mètres après 64 kilomètres de parcours, d'aqueducs et de tranchées, tous établis économiquement et revenant, les uns dans les autres, à 350 fr. le mètre, au plus, tous frais compris, soit, pour 64.000 mètres, un total de 22 millions 400 mille francs.

A *Croix-Fontgiraud*, sur la rive gauche du Gier, commencent les difficultés réelles pour amener les eaux des Cévennes à Lyon.

Déjà, dans la *Gazette Libérale*, j'ai donné un tracé amenant les eaux par Trèves-Burel, Tartarel, etc., venant déboucher à Vaugneray, près Lyon.

Quelle que soit la route suivie pour alimenter Lyon en eau, il y a de redoutables difficultés à vaincre. Les Romains sont arrivés coûte que coûte par la rive gauche du Gier, mais, je dois, tout en les imi-tant, chercher le côté économique et finalement, après avoir étudié les vallées du Gier, du Moruantay, du Garon et de l'Izeron, je me suis décidé au tracé aboutissant à Côte-de-Lorette, à Oullins, et s'appuyant sur l'arête des collines qui séparent le bassin du Garon de celui du Rhône.

Ce tracé n'a que 16 kilomètres de long, de Croix-Fontgiraud à Cote-de-Lorette, mais néanmoins ce sera le plus coûteux relativement. J'en estime le devis à 600 fr. par mètre, les uns dans les autres. Total : 9 millions 600 mille francs qui, avec les 22 millions 600 mille francs précédemment nous font un total de 32 millions de francs.

De Croix-Fontgiraud le plus court sera de traverser avec plusieurs syphons la vallée qui sépare le Pilat des collines qui finissent à Millery. Ce sera un ouvrage très couteux mais impossible à éviter. Après 6 kilomètres en parcours horizontal et une flèche de cent vingt mètres, les syphons établis sur ponts ou talus à la cote de 160 mètres iront déboucher à Millery à celle de 278 mètres, après avoir traversé les vallées du Gier, du Mornantay et du Garon, qui se donnent rendez-vous entre Millery et Givors.

Du plateau de Millery à celui de Vourles, nouveaux syphons de 2 kilomètres en longueur horizontale et de 35 mètres de flèche.

Du plateau de Vourles à celui dominant Brignais, syphons de 2,500 mètres de long et 40 mètres de flèche.

Du plateau de Brignais, la courbe de niveau nous conduit à Côte-Lorette où, avec de faibles travaux d'art, nous pouvons arriver sur un mamelon situé entre Beaunant et Rivière à la cote de 275 mètres à 750 mètres des bords de l'Izeron, et à 16 kilomètres de Croix-Fontgiraud, sur lequel nous avons en réalité 10 kilomètres 500 en syphons et 5 kilomètres 500 en suivant les courbes de niveau de Millery, Vourles, Brignais et Côte-Lorette.

A Côte-Lorette l'aqueduc donnera de l'eau sur sa rive droite par un embranchement desservant : Oullins, la Mulatière, et par le pont du chemin de fer de ceinture de Saint-Fons, les usines de la rive gauche du Rhône. Les eaux partant de la cote de 275 mètres tomberont à celle de 210 et créeront une force comprise dans les 1,500 chevaux développés à Lyon, venant à 400 fr. l'un pour 600.000 fr. par an ou l'intérêt de 12 millions en défalcation des 40 millions que coûte l'aqueduc rendu à Côte-Lorette.

Encore une fois, lecteurs, ne vous effrayez pas du coût imposant de l'aqueduc des Cévennes.

En résumé, on ne fait rien de sérieux avec rien, et à ceux qui me diront que l'on peut amener des masses d'eaux à Lyon à bas prix, sans sacrifier les hauts plateaux, je leur répondrai qu'ils sont dans l'erreur.

L'essentiel n'est pas de savoir ce que l'on dépensera, mais bien ce que rendront les travaux exécutés. Qu'importe le coût si, à côté de la grandeur d'une ville comme Lyon, on assure à la Compagnie actuelle des bénéfices sérieux.

C'est une affaire de capitalistes pour les fonds premiers. — Dame, à une époque on en a bien trouvé pour des affaires étrangères plus fantastiques les unes que les autres; est-ce que, par hasard, on ne trouverait en France des capitaux que pour l'étranger. Imitons donc un peu les Anglais qui ne reculent devant rien... quand il s'agit de leurs intérêts, disant : *England for ever*.

Donc Lyon, pour toujours, et il le faut que, digne rivale de Marseille, notre ville ait un jour des aqueducs semblables à ceux de la Durance, avec la différence qu'au lieu de donner de l'eau trouble, ils donneront les premières eaux du monde comme qualité.

De Côte-Lorette à Lyon-Saint-Irénée.

A Côte-Lorette, les eaux franchiront l'Izeron par des syphons établis sur un pont à la cote de 170 mètres, pour aboutir au *Plan-du-Loup*, au-dessous de Sainte-Foy. Distance horizontale, 1,300 mètres ; flèche des syphons, 103 mètres. J'estime le coût total, pour 300,000 mètres par jour, à 1 million ; avec les 28 millions précédents, total 29 millions.

Du *Plan-du-Loup*, l'acqueduc suivra une courbe de niveau de 3,700 mètres de long, contournant Sainte-Foy sur le versant d'Izeron, pour venir déboucher au pied du fort Saint-Irénée, dans Lyon même, après un parcours total de 85 kilomètres depuis le Pont-de-César sur le Doux. Ce dernier tronçon coûtera 1 million. Total, avec les 29 millions précédents, 30 millions de francs.

A Saint-Irénée, l'eau débouchera à la cote de 273 mètres et se divisera comme suit :

1° Une partie, 50,000, suivant la courbe de niveau, passera au pied de Fourvière pour aller du passage Gay, aux aqueducs de *Tibère*. Ici, ces 50,000 mètres se diviseront à leur tour : 40,000 mètres, franchissant la Saône, iront avec une pression supérieure de plus de 10 mètre à celle actuelle (270 au lieu de 259), porter la vie et le bien être à la Croix-Rousse ; 5,000 tombant, en Saône, remonteront les 5,000 restant sur le plateau de Fourvière à la cote de 310 mètres.

2° 250,000 mètres, réservés pour la basse ville, descendront par la montée de Choulans et créeront, dans Lyon même, le solde des 1,500 chevaux dont il a été question précédemment.

Aux 30 millions précédents, il faut ajouter 1 million pour l'établissement de turbines marchant nuit et jour ; total, 31 millions.

Canalisation de la basse ville.

Ici, nouvelles dépenses communes à tous les projets ; sous le rapport économique, l'aqueduc des Cévennes est le mieux partagé. A tant que faire grand, le plus court sera de tirer une ligne droite du pied de la montée de Choulans au plateau de Bron, au *Grand-Parilly*, à 6 kilomètres 200, où sera établi un réservoir digne de Lyon, et dont le radier sera à 210 mètres au-dessus de la mer. Une ou plusieurs fortes colonnes en fontes, passant la Saône et le Rhône sur des passerelles construites exprès, ou sur les ponts du Midi reconstruits, donneront de l'eau à droite et à gauche. Un embranchement, suivant la rive droite du Rhône en remontant, ira du réservoir actuel de la basse ville au *Petit-Versailles*, à Saint-Clair, établi à la cote de 208 mètres. J'estime le coût des passerelles, des tubes et du réservoir du Grand-Parilly à 5 millions, qui, avec les 31 millions précédents, nous font un total de 36 millions.

A ce total de 36 millions, il convient d'ajouter 1 million pour l'établissement d'une passerelle destinée à porter les eaux de l'aqueduc de Tibère à la Croix-Rousse, et le déplacement de la colonne actuelle de Montessuy, sur le cours des Chartreux, pour le service moyen, soit un total de 37 millions.

En définitive, nous avons une dépense absolue de 65 millions, depuis et y compris les barrages du Doux ; mais, dans le prochain et dernier article, je démontrerai que la Compagnie générale des Eaux ne doit pas dépenser plus de 20 à 25 millions afin d'assurer un service digne d'une ville comme Lyon, tout en couvrant largement ses frais et donnant des dividendes à ses actionnaires.

Quant à un réservoir de secours répondant à une distribution importante, la nature nous en a indiqué la place, dans les montagnes d'Izeron, au-dessus de Vaugneray, où, moyennant une dépense de 2,500,000 francs, canalisation comprise, pour suppléer à l'aqueduc des Cévennes en cas de rupture, on aurait au fort Saint-Irénée un volume en réserve de plus de 2 millions de mètres cubes permettant d'attendre les travaux urgents de réparation de cet aqueduc.

Ce réservoir de secours porterait les frais absolus à 67 millions 500,000 francs.

CONCLUSIONS

A M. le Docteur GAILLETON, Maire de Lyon.

Monsieur, pour conclure, je m'adresse directement à vous ou si vous le voulez bien au premier magistrat de Lyon.

Depuis bientôt deux ans je défends les eaux des Cévennes comme devant assurer un jour la grandeur de Lyon à tous les points de vue. Comme je l'ai dit dans mon introduction, tout a été mis en œuvre pour m'étouffer, malheureusement pour les détracteurs des eaux des Cévennes, j'ai pour principe de défendre à outrance ce que j'avance. Je l'ai montré, lorsque avocat des sériculteurs cévennols, j'ai combattu la charge des soies, non pas d'une manière absolue, mais d'une manière relative, montrant que nos soyeux lyonnais, fabricants et teinturiers devraient vendre leurs étoffes chargées sur analyse. On m'en a bien voulu à Lyon et cependant les évènements m'ont donné raison ; peu à peu la soierie s'en va de Lyon et l'étranger dit : Mauvaise étoffe, autant vaut la produire chez nous.

Maintenant les eaux granitiques peuvent ramener la splendeur à Lyon, c'est pour cela que j'ai dit dans mon introduction : Il faut à Lyon de l'eau granitique coûte que coûte. Il faut sauver la teinture à tout prix.

Je sais bien que vous me répondrez ce que me disait un jour M. le docteur Saint-Lager, vous parlez d'industrie, vous êtes dans une grande erreur, elle se désintéresse. Je le sais, Lyon est une ville où l'apathie est proverbiale. C'est ce qui fait qu'un jour, le célèbre père Lacordaire a dit : Lyon est la Béotie de la France. Mais vous, Monsieur, vous êtes médecin, et même une sommité médicale, vous ne voudrez pas qu'une ville industrielle se désintéresse dans une question vitale, vous serez un homme d'initiative et le médecin de l'industrie lyonnaise qui s'effondre. Vous le savez, Monsieur, un médecin souvent, est trompé par son malade qui l'induit en erreur la plupart du temps par fausse honte. Il ne veut pas avouer la cause de sa maladie qui l'afflige. De même sont nos teinturiers. Ils vous diront : Les eaux n'ont aucune importance en teinture et la meilleure preuve c'est que nous allons rincer nos soies à Saint-Chamond sur les bords du Gier, par rapport à la qualité de l'eau !

Après avoir parlé des eaux des Cévennes, au Congrès de géographie de Lyon, en 1881, j'ai, depuis, vainement essayé d'être entendu par la Commission des Eaux de Lyon. J'ai écrit diverses lettres ; elles sont demeurées sans réponses.

Je vous ai écrit personnellement, même sort ; je ne m'en plains pas, car je ne vous demandais pas d'accusé de réception. Un jour, Monsieur, je vous ai demandé une audience et par suite d'un quiproquo j'ai été reçu par M. Chéron, votre adjoint, qui m'a montré sur la question des eaux de Lyon, un petit rapport fort bien calligraphié, et dormant dans un carton vert ; en faveur du projet Michaud bien entendu, car il faut, dit-on, que ce projet passe à tout prix (selon M. Chéron).

En résumé, je n'ai jamais pu vous voir, tous mes concurrents ont été entendus, seul dans le concours de Lyon, je ne l'ai pas été, et cependant la question posée est bien simple.

Ou les eaux des Cévennes sont impossibles, ou elles sont possibles ? Ce n'est pas plus malin que cela. Si elles sont possibles, prenez-les ; si elles sont impossibles, rejetez-les. Mais comme Thémistocle, je vous dirai : frappez-moi, mais écoutez-moi. En m'évinçant systématiquement, cela tendrait à prouver que l'on me craint.

Grâce à M. Buffaud, j'ai pu être écouté de M. Dubois, votre adjoint ; M. Dubois a lu mes travaux, entre nous je crois qu'il ne les a pas trouvés trop mauvais.

Je lui ai confié un travail magnifique : la brochure de Ward sur les eaux de Bruxelles (1853), montrant que le vent des villes civilisées est pour les eaux aussi pures que possibles ; depuis mon entrevue avec M. Dubois, j'ai reçu la brochure des eaux de Strasbourg en 1860 où l'on se moque assez agréablement des Lyonnais pour le concours de 1843, où cependant finalement un maire monarchique finit par rejeter les eaux calcaires des sources de Royes, Neuville, etc.

Maintenant, monsieur, dans l'introduction j'ai parlé de deux cercles de Popilius, et je renvoyais la solution du deuxième à la fin de cette brochure. Je vais maintenant m'expliquer.

Prenons Lyon comme centre et décrivons un cercle de 20 lieues de rayon autour. Dans ce cercle, traçons quatre secteurs : A B C D — ceci dit sans malice, car la question des eaux de Lyon est de l'*a b c d*.

Secteur A. — Ce secteur sera celui des Romains, des bords du Gier à la Saône ; il ne faut plus compter sur ses eaux, de même sur les eaux de ce secteur prolongé dans le bassin de la Loire, à cause des nombreux procès que les captages opérés par Lyon engendreraient.

Secteur B. — Nul ne songera à la Saône pour l'alimentation de Lyon, aussi je passe directement au plateau bressan, où Lyon ne saurait s'alimenter en eau potable.

Déjà, en 1843, on a rejeté des eaux trop calcaires; ce n'est pas une raison pour prendre, quarante ans après, des eaux similaires. On a écrit pour et contre l'utilité du carbonate de chaux dans les eaux. Vous ne croyez pas à cette utilité, ni moi non plus — M. Fochier, chirurgien de nos hôpitaux, récemment nommé au Conseil municipal, et

— 24 —

dont la réputation n'est pas à faire, partagera notre avis, les os sont en phosphate qui est apporté par les céréales.

Les ouvriers de Lyon vous diront : Voyez notre misère, l'industrie s'en va de Lyon ; en fait d'eau potables, amenez-nous des eaux qui nous permettent d'y ajouter un peu de vin, en retenant la teinture à Lyon. — Donnez-nous d'abord des eaux industrielles tout en étant propres aux usages domestiques et à la potabilité. — Qu'importe le coût, il faut voir les recettes : nous payerons l'abonnement un prix convenable.

Vous le savez, Monsieur, après la bataille de Cannes, l'opinion publique disait à Varon. — Rends-nous nos légions. — De même à Lyon, elle vous dirait : Qu'avez-vous fait de la splendeur de Lyon, qui était entre vos mains. — Encore une fois : Quels intérêts veut-on sauver en prenant les eaux *impotables* de Saint-Maurice-de-Remens. — Qui trompe-t'on ?

Dans le projet Michaud vous nous parlez des égouts. Eh bien, donnez-nous de l'eau pure à un prix convenable pour la Compagnie générale des Eaux. Et cette eau tombera des maisons dans les égouts, la ville de Lyon n'aura plus à se préoccuper de ses canaux, c'est clair net et précis. — Et surtout n'oubliez pas la Croix-Rousse et les services supérieurs, comme cela a lieu dans les projets Michaud, Villars, Léger et Prunier.

Secteur C. — Le Rhône étant écarté d'après les considérations que j'ai développées (page 13) de même le lac de Genève qui n'est pas en France, nous arrivons à la rive gauche du Rhône, où en dehors des eaux des marécages de Meyzieux, nous ne voyons que les eaux des tourbières de la vallée de Bourgoin; mais je ne crois pas que Lyon, prenne ses eaux là.

Secteur D. — Fatalement nous arrivons aux Cévennes, au Doux, à l'Ay, à la Cance : c'est là que la question des eaux de Lyon se résoudra : c'est là que sont les intérêts de la deuxième ville de France et de la Compagnie générale des Eaux.

Il y a 67 à 70,000,000 de travaux à exécuter, c'est vrai; le chiffre est énorme, mais il y a bientôt 40 ans, M. Consolat, maire de Marseille, n'a pas reculé devant un chiffre pareil, sinon supérieur pour l'aqueduc de la Durance. — J'ai la conviction que M. Gailleton, premier magistrat de Lyon, n'hésitera pas à suivre les traces de M. Consolat. — M. Gailleton fera grand. — Il sauvera l'industrie de Lyon, il fera droit aux doléances des ouvriers lyonnais. — Quant à la dépense, il y a de l'argent à Lyon, je le sais. Lyon est solvable. Et la Compagnie générale des Eaux, aidée par ses subventions, fera un travail digne de Lyon.

Marius MOYRET.

Lyon, 27 février 1883.

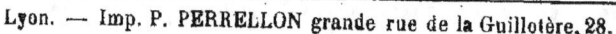

Lyon. — Imp. P. PERRELLON grande rue de la Guillotère, 28.

1

www.ingramcontent.com/pod-product-compliance
Lightning Source LLC
Chambersburg PA
CBHW050038230526
45470CB00003B/1330